现代风格
Modern Style

2015客厅
LIVING ROOM

华浔品味装饰　编著

华浔品味装饰
HUAXUN TASTE DECORATION

海峡出版发行集团
THE STRAITS PUBLISHING & DISTRIBUTING GROUP
福建科学技术出版社
FUJIAN SCIENCE & TECHNOLOGY PUBLISHING HOUSE

图书在版编目（CIP）数据

现代风格 / 华浔品味装饰编著 . —福州：福建科学
技术出版社，2015.1
（2015 客厅）
ISBN 978-7-5335-4685-4

Ⅰ.①现… Ⅱ.①华… Ⅲ.①客厅 – 室内装饰设计 –
图集 Ⅳ.① TU241–64

中国版本图书馆 CIP 数据核字（2014）第 272206 号

书　　名　2015 客厅　现代风格
编　　著　华浔品味装饰
出版发行　海峡出版发行集团
　　　　　福建科学技术出版社
社　　址　福州市东水路 76 号（邮编 350001）
网　　址　www.fjstp.com
经　　销　福建新华发行（集团）有限责任公司
印　　刷　福州德安彩色印刷有限公司
开　　本　889 毫米 × 1194 毫米　1/16
印　　张　5.5
图　　文　88 码
版　　次　2015 年 1 月第 1 版
印　　次　2015 年 1 月第 1 次印刷
书　　号　ISBN 978-7-5335-4685-4
定　　价　29.80 元
　　　　　书中如有印装质量问题，可直接向本社调换

设计·爱

　　客厅是接待客人的社交场所，是一个家庭的"脸面"。客厅也是装修中的"面子"工程，相对其他功能区域，客厅是装修风格的集中体现处，它的设计应起到体现主人的格调与品位的作用。因此，作为家装设计的领航者，华浔品味装饰集团"客厅"系列丛书应运而生。它是华浔集团从全国200多个分公司最新设计的上万个家居设计方案中，精选出一批优秀客厅设计作品编制而成的设计年鉴。它集结了华浔集团上万名设计师的智慧与正能量，并展现了他们的实力与成果，更体现了他们以设计品味空间为己任的宗旨和华浔设计引领业界的领导地位。

　　华浔"2015客厅"系列丛书紧跟时代流行趋势，注重家居的个性化与人性化，并突出以"设计·爱"为主旋律。什么是"爱"？每个人心中自有自己的诠释。有位哲学家曾做出了最佳定义："爱，是无私地推动他人成长。"当你放下私欲去帮助他人成长为最出色的人的时候，你自己也会感受到爱，最终你也会得到成长。由此延伸到家装行业，也是同样的道理。

　　当然，对于已经成立17年的华浔集团来说，爱的表现形式有很多种。爱是"达则兼济天下"的胸怀，从为震区设计震不倒的房子到赞助全国城乡厨卫改造，再到援建汶川布瓦寨希望学校，华浔用行动塑造着一个有爱心的企业形象；爱是勇于承担的责任，17年来，华浔集团始终以设计品味空间为己任，筑造舒适、健康、幸福、和谐的品味生活为使命，为无数客户实现了理想中的家居梦想；爱是呵护健康的使者，华浔集团使用的安全可靠无毒害的环保材料，让客户居家身心更放松；爱是充满人情味的关怀，华浔集团在设计和施工上一直坚持和推崇"以人为本"的理念，不论老人、小孩、夫妻都能在同一屋檐下寻找到最惬意的居住感觉，营造真正的天伦之乐。

　　爱，还是设计者对职业的挚爱，对作品的喜爱，对生活的热爱……

　　爱，华浔文化永恒的主旋律；爱，华浔设计的主旋律；爱，华浔"2015客厅"系列丛书的主旋律……

　　本丛书根据当前流行的装修风格分成简约风格、现代风格、中式风格和欧式风格四册，以满足广大业主不同的需求，选择适合自己风格的设计方案，打造理想的家居环境。除了提供读者相关的客厅设计方案外，本丛书还详细介绍了这些方案的材料说明和施工要点，以便于广大业主在选择适合自己的家装方案的同时，能了解方案中所运用的材料及其工艺等。我们希望本丛书能成为广大追求理想家居的人们，特别是准备购买和装修家居的业主们提供有益的借鉴，同时也为广大室内设计师们提供参考。

作者

2014年11月

施工要点

电视背景墙面用水泥砂浆找平，用点挂及干挂的方式将大理石固定在墙上，完工后对石材进行养护；剩余墙面防潮处理后用木工板打底，用粘贴固定的方式将茶镜固定在底板上。

主要材料：①爵士白大理石
②印花茶镜
③浅啡网纹大理石

施工要点

用湿贴的方式将仿木纹砖固定在墙上，完工后用勾缝剂填缝；用干挂的方式固定大理石；剩余墙面用木工板打底，用粘贴固定的方式将黑镜固定在底板上，完工后用硅酮密封胶密封。

主要材料：①仿木纹砖 ②密度板雕花 ③黑镜

施工要点

按照设计图纸用木工板及硅酸钙板做出墙上的造型，用白水泥将马赛克固定在墙面上；剩余墙面满刮三遍腻子，用砂纸打磨光滑，刷底漆、面漆。

主要材料：①复合实木地板 ②玻化砖 ③马赛克

浅色的地面砖搭配浅豆绿色的墙面，空间呈现一派清新自然气象；立体感十足的镂空装饰板成为视觉焦点。浅色系的布艺家具搭配精美的吊灯及暖色壁纸，组成温馨、舒适的空间。

主要材料：①无纺布壁纸
②玻化砖
③浅啡网纹大理石

 施工要点 沙发背景墙面用水泥砂浆找平，用湿贴的方式将文化石固定在墙上，完工后用勾缝剂填缝，做好表面的卫生。

主要材料：①复合实木地板　②纱帘　③文化石

 施工要点 电视背景墙面用水泥砂浆找平，用干挂的方式将订购的大理石固定在墙上，完工后进行抛光、打蜡处理。

主要材料：①米黄大理石　②浅咖网纹大理石　③银箔壁纸

轻盈的色彩、简化的线条，空间融入平静宽厚的生活态度。温润的仿木纹地砖、暖黄色的壁纸，让人感悟生活的本真与美好。

主要材料：①仿木纹地砖　②壁纸

 施工要点

电视背景墙面用水泥砂浆找平，用木工板做出造型，部分贴胡桃木饰面板后刷油漆；用气钉及胶水将定制的软包固定在底板上。

主要材料：①玻化砖　②木纹大理石　③软包

电视背景墙轻柔的色彩给空间带来些许温馨和浪漫气息，精美家具传递出欧式新古典的优雅韵味。

主要材料：①安曼米黄大理石
　　　　　②仿木纹砖
　　　　　③深啡网纹大理石

施工要点

电视背景墙面用水泥砂浆找平，固定成品收边线条。剩余墙面满刮三遍腻子，用砂纸打磨光滑，刷一层基膜，用环保白乳胶配合专业壁纸粉将壁纸固定在墙上。

主要材料：①壁纸　②复合实木地板

施工要点

用木工板做出墙上的凹凸造型；部分墙面贴水曲柳饰面板，刷油漆；用气钉及胶水将皮革软包固定在底板上。

主要材料：①玻化砖　②壁纸　③皮革软包

施工要点

电视背景墙面用水泥砂浆找平，用木工板做出设计造型，部分墙面贴橡木饰面板后刷油漆；用气钉及胶水将定制的软包分块固定在底板上；用粘贴固定的方式固定金镜。

主要材料：①壁纸　②橡木饰面板　③软包

施工要点

用木工板做出电视背景墙上的凹凸造型，固定实木收边线条；剩余墙面满刮三遍腻子，用砂纸打磨光滑，刷底漆、白色及有色面漆；部分墙面刷一层基膜，贴壁纸。

主要材料：①壁纸　②有色乳胶漆
　　　　　③复合实木地板

施工要点

用干挂的方式将大理石收边线条固定在墙上，银镜基层用木工板打底；剩余墙面满刮三遍腻子，用砂纸打磨光滑，刷一层基膜，贴壁纸；用粘贴固定的方式将银镜分块固定在底板上，完工后用硅酮密封胶密封。

主要材料：①银镜　②壁纸　③深啡网纹大理石

施工要点

用点挂的方式固定浅啡网纹大理石，剩余两侧墙面用木工板打底；中间墙面满刮三遍腻子，用砂纸打磨光滑，刷一层基膜，贴壁纸；用粘贴固定的方式将金镜固定在底板上。

主要材料：①金镜　②浅啡网纹大理石　③壁纸

简约明快的线条和几何块面的穿插，呈现纯净的空间气质；两盏精美的水晶吊灯给静谧的空间带来灵动感。

主要材料：①玻化砖　②壁纸
　　　　　③密度板雕花

 **施工
要点** 用点挂的方式将安曼米黄大理石固定在墙上，完工后进行抛光、打蜡处理；剩余墙面满刮三遍腻子，用砂纸打磨光滑，刷一层基膜，贴壁纸。

主要材料：①安曼米黄大理石　②壁纸　③玻化砖

 **施工
要点** 电视背景墙面用水泥砂浆找平，用湿贴的方式将大理石固定在墙上，完工后进行养护处理；剩余墙面满刮三遍腻子，用砂纸打磨光滑，刷底漆、有色面漆。

主要材料：①安曼米黄大理石　②有色乳胶漆　③亚光砖

 **施工
要点**

用硅酸钙板做出墙上的凹凸造型，灰镜基层防潮处理后用木工板打底；剩余墙面满刮三遍腻子，用砂纸打磨光滑，刷底漆、有色面漆，用丙烯颜料将图案手绘到墙面上；用粘贴固定的方式将灰镜固定在底板上。

主要材料：①灰镜　②无纺布壁纸　③玻化砖

电视背景墙两侧对称的造型使空间更显整洁、舒适；方形的水晶吊灯成为空间的视觉焦点，为空间添彩。

主要材料：①灰镜　②有色乳胶漆　③玻化砖

施工要点

电视背景墙面用水泥砂浆找平，用湿贴的方式将文化石固定在墙上，完工后用勾缝剂填缝，做好表面的卫生。

主要材料：①实木地板　②壁纸　③文化石

电视背景墙上银镜的运用，在增添了时尚感的同时，也带来丰富的光影效果；深色壁纸的点缀，使空间层次更加分明。

主要材料：①壁纸　②银镜　③玻化砖

施工要点

用干挂的方式将大理石固定在墙上，完工后进行抛光、打蜡处理；剩余墙面满刮三遍腻子，用砂纸打磨光滑，刷一层基膜后贴壁纸，最后安装实木踢脚线。

主要材料：①壁纸　②爵士白大理石　③米黄大理石

施工要点

用湿贴的方式将沙安娜米黄大理石固定在墙上；剩余墙面防潮处理后用木工板打底，用粘贴固定的方式将银镜固定在干净的底板上，完工后用硅酮密封胶密封。

主要材料：①沙安娜米黄大理石　②银镜　③壁纸

蓝色调的壁纸给简洁的客厅空间带来清新的自然气息；简约的布艺沙发搭配暖色的灯光，使空间倍显温馨、舒适。

主要材料：①仿古砖　②黑镜
　　　　　③壁纸

施工要点

用点挂的方式将大理石收边线条固定在墙上；剩余墙面满刮三遍腻子，用砂纸打磨光滑，刷一层基膜后贴壁纸。

主要材料：①仿古砖
　　　　　②浅啡网纹大理石
　　　　　③壁纸

施工要点

设计需求在电视背景墙上安装钢结构，用干挂的方式将西班牙米黄大理石固定在墙上；剩余两侧墙面用木工板打底，用粘贴固定的方式将车边银镜固定在底板上，完工后用硅酮密封胶密封。

主要材料：①西班牙米黄大理石
　　　　　②车边银镜
　　　　　③密度板雕花

施工要点

电视背景墙面用水泥砂浆找平，用干挂的方式将橘皮红大理石固定在墙上，完工后进行抛光、打蜡处理；剩余墙面用木工板打底，用粘贴固定的方式将黑镜固定在底板上。

主要材料：①橘皮红大理石 ②壁纸 ③黑镜

施工要点

沙发背景墙面用水泥砂浆找平，用湿贴的方式将文化石固定在墙上，用螺钉将定制的通花板固定在地面上。

主要材料：①壁纸 ②文化石

电视背景墙上以梅为题材的壁纸给空间带来自然清新的气息；沙发背景墙上黑白对比的波浪纹壁纸，增强了墙面的装饰性，带来了灵动与时尚的气息。

主要材料：①壁纸 ②黑镜 ③复合实木地板

施工要点

用点挂的方式将西班牙米黄大理石固定在墙上，完工后进行抛光、打蜡处理；剩余墙面用木工板打底，用粘贴固定的方式将灰镜固定在底板上，完工后用硅酮密封胶密封。

主要材料：①西班牙米黄大理石 ②灰镜 ③壁纸

施工要点

根据设计需求在电视背景墙上安装钢结构，用干挂的方式将爵士白大理石固定在墙上；镜子基层用木工板打底，剩余墙面满刮三遍腻子，用砂纸打磨光滑，刷一层基膜，贴壁纸，用托压固定的方式将镜固定在底板上。

主要材料：①爵士白大理石 ②仿古砖

挑高的客厅尽显大宅风范，吊顶上的深色木梁架结构极具装饰性，散发出时尚而自然的气息。

主要材料：①米黄洞石 ②胡桃木饰面板 ③银镜

施工要点

用木工板做出层板造型，贴水曲柳饰面板后刷油漆。墙面满刮三遍腻子，用砂纸打磨光滑，刷一层基膜，贴壁纸，最后固定成品通花板。

主要材料：①玻化砖 ②壁纸

施工要点 电视背景墙面用水泥砂浆找平，用干挂的方式将米黄洞石固定在墙上，完工后进行抛光、打蜡处理；剩余墙面用木工板打底，用粘贴固定的方式将银镜固定在底板上，最后固定成品线条。

主要材料：①米黄洞石　②银镜

施工要点 用湿贴的方式将文化石固定在墙上。剩余墙面满刮三遍腻子，用砂纸打磨光滑，刷一层基膜，贴壁纸，安装实木踢脚线。最后固定亚克力板。

主要材料：①文化石　②仿古砖　③亚克力板

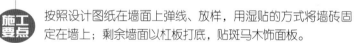

施工要点 按照设计图纸在墙面上弹线、放样，用湿贴的方式将墙砖固定在墙上；剩余墙面以杠板打底，贴斑马木饰面板。

主要材料：①墙砖　②斑马木饰面板　③深啡网纹大理石

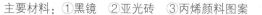

电视背景墙黑白对比，带来强烈的视觉冲击力；吊顶中黑镜的运用丰富空间的材质语言，同时视觉上拉伸了纵向空间。

主要材料：①黑镜　②亚光砖　③丙烯颜料图案

施工要点

沙发背景墙面用水泥砂浆找平，用湿贴的方式将仿古砖固定在墙上；用木工板做出沙发背景墙上的造型，贴胡桃木饰面板后刷油漆；用粘贴固定的方式将银镜固定在底板上。

主要材料：①仿古砖
②胡桃木饰面板
③银镜

红镜、红色座椅及吊灯的点缀，使空间洋溢着温馨、浪漫的气息；黑镜中的花朵图案赋予空间无限生机。

主要材料：①仿古砖 ②红镜 ③黑镜

施工要点

用湿贴的方式将仿古砖斜固定在墙上，完工后用勾缝剂填缝；用干挂的方式固定安曼米黄大理石；用木工板做出两侧对称造型，贴枫木饰面板后刷油漆。

主要材料：①仿古砖
②安曼米黄大理石
③软包

施工要点

用干挂的方式固定爵士白大理石，用木工板做出凹凸造型；墙面满刮三遍腻子，用砂纸打磨光滑，刷底漆、面漆；用粘贴固定的方式将红色亚克力板固定在底板上。

主要材料：①黑镜 ②爵士白大理石 ③亚克力板

黑白色调对比的家具赋予了空间时尚的气息；以淡绿色的仿古砖装饰电视背景墙，让时尚的空间锦上添花；黑镜的运用丰富了空间的光影效果。

主要材料：①黑镜　②仿木纹砖

施工要点 用硅酸钙板及石膏线条做出电视背景墙上的造型；墙面满刮三遍腻子，用砂纸打磨光滑，刷底漆、面漆。部分墙面刷一层基膜后贴壁纸；用粘贴固定的方式将车边银镜固定在底板上。

主要材料：①壁纸　②车边银镜

施工要点 沙发背景墙面用水泥砂浆找平，固定实木收边线条。剩余墙面满刮三遍腻子，用砂纸打磨光滑，刷一层基膜，贴壁纸。

主要材料：①壁纸　②仿木纹砖　③爵士白大理石

 施工要点

用点挂的方式将浅啡网纹大理石固定在墙上，镜子基层用木工板打底。剩余墙面满刮三遍腻子，用砂纸打磨光滑，刷一层基膜，贴壁纸。用粘贴固定的方式将印花银镜固定在底板上，最后用硅酮密封胶密封。

主要材料：①玻化砖　②壁纸
　　　　　③浅啡网纹大理石

施工要点

用干挂的方式固定西班牙米黄大理石，剩余墙面用木工板打底；部分墙面贴枫木饰面板后刷油漆；用气钉及胶水固定硬包。

主要材料：①西班牙米黄大理石
②枫木饰面板　③壁纸

电视背景墙用透明的钢化玻璃代替，令大气时尚的客厅空间更加通透；不加修饰的白色墙面搭配实木地板，传递出质朴自然、温和踏实的特性。

主要材料：①灰镜　②钢化玻璃
③实木地板

施工要点

用木工板及硅酸钙板做出两侧对称造型，镜子基层用木工板打底；剩余墙面满刮三遍腻子，用砂纸打磨光滑，刷底漆、面漆，部分墙面刷一层基膜后贴壁纸；用粘贴固定的方式将银镜固定在底板上。

主要材料：①银镜　②壁纸　③玻化砖

施工要点

用干挂的方式将米黄洞石固定在墙上，完工后对石材进行养护；剩余墙面用木工板打底，用粘贴固定的方式固定灰镜。

主要材料：①壁纸　②米黄洞石　③灰镜

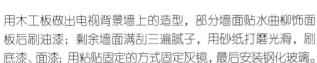

施工要点 用木工板做出电视背景墙上的造型，部分墙面贴水曲柳饰面板后刷油漆；剩余墙面满刮三遍腻子，用砂纸打磨光滑，刷底漆、面漆；用粘贴固定的方式固定灰镜，最后安装钢化玻璃。

主要材料：①水曲柳饰面板　②灰镜　③钢化玻璃

施工要点 沙发背景墙面用水泥砂浆找平，用湿贴的方式固定爵士白大理石。剩余墙面用木工板打底，贴斑马木饰面板。

主要材料：①爵士白大理石　②复合实木地板　③斑马木饰面板

施工要点

用点挂的方式将安曼米黄大理石固定在墙上，用湿贴的方式固定马赛克；剩余墙面用木工板打底，贴胡桃木饰面板后刷油漆。

主要材料：①安曼米黄大理石
②胡桃木饰面板
③马赛克

敞开式的品酒区令居室更显时尚、大方；爵士白大理石与木饰面板的碰撞，充分展现了空间的时尚艺术品位。

主要材料：①壁纸
②爵士白大理石
③斑马木饰面板

电视背景墙上的凹凸造型独具匠心；黑镜的点缀给客厅带来时尚感，同时视觉上放大了空间。

主要材料：①仿木纹地砖
②木造型刷白漆
③黑镜

 施工要点 用干挂的方式固定大理石，剩余墙面用木工板打底，用粘贴固定的方式将银镜固定在底板上，最后固定通花板。

主要材料：①米黄大理石　②皮革软包
③银镜

 施工要点 电视背景墙面用水泥砂浆找平，用白水泥将马赛克固定在墙面上，固定成品线条；剩余墙面满刮三遍腻子，用砂纸打磨光滑，刷底漆、面漆。

主要材料：①壁纸　②马赛克　③灰镜

 施工要点

沙发背景墙面用水泥砂浆找平，防潮处理后用木工板打底，贴复合实木板后刷油漆。最后固定装饰挂件。

主要材料：①仿木纹地砖
②复合实木板

施工要点

电视背景墙面用水泥砂浆找平，安装固定分割线及实木收边线条；剩余墙面满刮三遍腻子，用砂纸打磨光滑，刷一层基膜，贴壁纸。

主要材料：①复合实木地板
②壁纸

大面积爵士白大理石的运用，令空间纯净、自然；黑白色调对比的布艺沙发给空间带来了时尚和温馨感。

主要材料：①爵士白大理石
②软包
③黑白根大理石

施工要点
用湿贴的方式将仿木纹砖固定在墙上，完工后用勾缝剂填缝；用硅酸钙板做出两侧对称造型，墙面满刮三遍腻子，用砂纸打磨光滑，刷底漆、面漆。

主要材料：①仿木纹砖　②白色乳胶漆

施工要点
用木工板、硅酸钙板及石膏线条做出电视背景墙上的造型。整个墙面满刮三遍腻子，用砂纸打磨光滑，刷底漆、面漆。部分墙面刷一层基膜，贴壁纸。

主要材料：①壁纸　②爵士白大理石

19

设计师用地面拼花来区隔客厅及就餐区域，独具匠心；电视背景墙上的凹凸造型配以精美的壁纸，丰富了空间层次、演绎出与众不同的优雅格调。

主要材料：①银镜　②植绒壁纸　③硬包

施工要点

根据设计需求在电视背景墙面上弹线放样，用湿贴的方式将金丝米黄大理石及黑白根大理石固定在墙上，完工后对石材进行养护，固定实木收边线条。

主要材料：①黑白根大理石
　　　　　②金丝米黄大理石

施工要点

电视背景墙面用水泥砂浆找平，用干挂的方式将西班牙米黄大理石固定在墙上，完工后对石材进行养护；用木工板做出立体造型，贴泰柚饰面板后刷油漆。

主要材料：①西班牙米黄大理石
　　　　　②泰柚饰面板
　　　　　③深啡网纹大理石

施工要点

根据设计需求在电视背景墙面上弹线放样，用点挂的方式将爵士白大理石固定在墙上；剩余墙面防潮处理后用木工板打底，用托压固定的方式将灰镜固定在底板上，完工后用硅酮密封胶密封。

主要材料：①灰镜　②亚光砖　　　③爵士白大理石

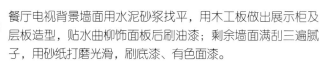

施工要点

餐厅电视背景墙面用水泥砂浆找平，用木工板做出展示柜及层板造型，贴水曲柳饰面板后刷油漆；剩余墙面满刮三遍腻子，用砂纸打磨光滑，刷底漆、有色面漆。

主要材料：①有色乳胶漆　②水曲柳饰面板　③玻化砖

施工要点

用干挂的方式将爵士白大理石固定在墙上；剩余墙面防潮处理后用木工板打底，用粘贴固定的方式将银镜固定在底板上，完工后用硅酮密封胶密封。

主要材料：①银镜　②黑色大理石　③爵士白大理石

地面采用爵士白大理石及黑白根大理石装饰，天然的石材纹理带来亲和力；简单温柔的软装色调搭配，带来了非凡的视觉享受。

主要材料：①硬包
②指接板
③黑白根大理石

施工要点 餐厅背景墙面用水泥砂浆找平，用木工板做出储物柜造型，贴枫木饰面板后刷油漆；剩余墙面满刮三遍腻子，用砂纸打磨光滑，刷底漆、面漆。

主要材料：①枫木饰面板　②玻化砖　③银镜

施工要点 电视背景墙面用水泥砂浆找平，用干挂的方式固定西班牙米黄大理石，完工后对石材进行抛光、打蜡处理；用木工板做出造型，贴白橡木饰面板后刷油漆。

主要材料：①白橡木饰面板　②有色乳胶漆　③西班牙米黄大理石

不加修饰的白色墙面体现了主人简单的生活态度；吊顶上金箔壁纸的运用在暖色灯光的照射下，让客厅别具一番风味。

主要材料：①金箔壁纸　②黑白根大理石

施工要点 电视背景墙面用水泥砂浆找平，用干挂的方式将爵士白大理石固定在墙上；剩余墙面防潮处理后用木工板打底，最后安装布艺软包。

主要材料：①爵士白大理石　②黑色大理石　③布艺软包

电视背景墙面用水泥砂浆找平，用干挂及湿贴的方式将安曼米黄大理石固定在墙上，完工后进行抛光、打蜡处理。

主要材料：①安曼米黄大理石
②红橡木饰面板
③深啡网纹大理石

灰色钢化玻璃作为客厅电视背景，带来时尚感的同时令空间更通透、整体；沙发背景中蓝色调的装饰挂画，带来无限生机。

主要材料：①实木地板　②爵士白大理石
③钢化玻璃

施工
要点

用干挂的方式固定黑色大理石及米黄大理石，完工后对石材进行养护；剩余墙面用木工板打底，用气钉及胶水将定制的硬包固定在底板上。

主要材料：①硬包　②米黄大理石
③黑白根大理石

施工
要点

电视背景墙面用水泥砂浆找平，根据设计需求在墙上安装钢结构，用干挂的方式将西班牙米黄及深啡网纹大理石固定在墙上，完工后对石材进行养护处理。

主要材料：①米黄大理石　②深啡网纹大理石
③复合实木地板

施工要点

用湿贴的方式将米黄大理石固定在墙上。剩余墙面用木工板打底，用粘贴固定的方式固定镜面玻璃，完工后用硅酮密封胶密封。用地板钉将复合实木板固定在剩余底板上。

主要材料：①米黄大理石
②镜面玻璃
③复合实木板

施工要点

电视背景墙面用水泥砂浆找平，用硅酸钙板及石膏线条做出墙上造型，软包基层用木工板打底。剩余墙面满刮三遍腻子，用砂纸打磨光滑，刷底漆、白色及有色面漆。用气钉及胶水固定软包。

主要材料：①有色乳胶漆 ②布艺软包 ③仿古砖

施工要点

按照设计图纸在电视背景墙面上弹线放样；用点挂的方式固定大理石；剩余墙面用木工板打底，用粘贴固定的方式固定镜面马赛克。

主要材料：①复合实木地板 ②米黄大理石 ③壁纸

白色大理石的天然纹理是沙发背景墙最好的装饰；块状灰镜作为局部点缀设计，在赋予空间时尚感的同时增加视觉上的通透感。

主要材料：①砂岩 ②灰镜
③爵士白大理石

 施工要点 用硅酸钙板做出电视背景墙上的凹凸造型及电视柜，部分底板贴水曲柳饰面板，刷油漆。剩余墙面满刮三遍腻子，用砂纸打磨光滑，刷底漆、有色面漆。最后安装实木踢脚线。

主要材料：①复合实木地板　②有色乳胶漆
　　　　　③水曲柳饰面板

 施工要点 用木工板及硅酸钙板做出电视背景墙上的造型，柱状造型贴水曲柳饰面板刷油漆。剩余墙面满刮三遍腻子，用砂纸打磨光滑，刷底漆、有色肌理漆。

主要材料：①玻化砖　②壁纸　③肌理漆

电视背景墙用矮墙代替，使空间更显通透，同时弱化了柱子结构带来的突兀感；白色大理石的天然纹理赋予了空间高贵时尚感觉。

主要材料：①壁纸
　　　　　②爵士白大理石
　　　　　③复合实木地板

 施工要点 电视背景墙面用水泥砂浆找平，用湿贴的方式固定文化石，用干挂的方式固定大理石；剩余墙面用木工板打底，用粘贴固定的方式固定镜面马赛克。

主要材料：①文化石
　　　　　②浅啡网纹大理石
　　　　　③仿木纹砖

客厅墙面大面积运用米黄大理石装饰，使空间呈现出低调的奢华；白色调壁纸的点缀，为空间增添一抹温暖。

主要材料：①米黄大理石
②壁纸
③枫木饰面板

施工要点

电视背景墙面用水泥砂浆找平，整个墙面满刮三遍腻子，用砂纸打磨光滑，刷一层基膜，用环保白乳胶配合专业壁纸粉将壁纸固定在墙面上，最后安装实木踢脚线。

主要材料：①壁纸　②仿木纹砖

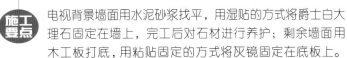

施工要点

电视背景墙面用水泥砂浆找平，用湿贴的方式将爵士白大理石固定在墙上，完工后对石材进行养护；剩余墙面用木工板打底，用粘贴固定的方式将灰镜固定在底板上。

主要材料：①爵士白大理石　②灰镜　③壁纸

施工要点

用点挂的方式固定浅啡网纹大理石；镜子基层用木工板打底，剩余墙面满刮三遍腻子，用砂纸打磨光滑，刷一层基膜，贴壁纸；用粘贴固定的方式将金镜固定在底板上，完工后用硅酮密封胶密封。

主要材料：①浅啡网纹大理石　②壁纸　③金镜

施工要点

电视背景墙面用水泥砂浆找平，整个墙面满刮三遍腻子，用砂纸打磨光滑，刷底漆、有色面漆。有色乳胶漆须色卡选样，电脑调色。最后安装实木踢脚线。

主要材料：①实木踢脚线　②复合实木地板　③有色乳胶漆

施工要点

用干挂的方式将大理石固定在墙上，完工后对石材进行养护；用木工板做出收边线条，贴水曲柳饰面板，刷油漆。

主要材料：①壁纸　②水曲柳饰面板　③啡色雨林大理石

施工要点

用点挂的方式将西班牙米黄大理石固定在墙上；用木工板做出层板造型，贴装饰面板，刷油漆；用粘贴固定的方式将银镜固定在底板上，完工后用硅酮密封胶密封。

主要材料：①银镜　②西班牙米黄大理石　③壁纸

电视背景墙面以暗色壁纸装饰，搭配同色系的沙发及家具，表达了主人沉稳内敛的生活态度。

主要材料：①壁纸　②玻化砖

施工要点

根据设计需求在电视背景墙上安装钢结构，用干挂的方式将大理石固定在墙上。剩余墙面防潮处理后用木工板打底，用粘贴固定的方式将黑镜固定在底板上。

主要材料：①爵士白大理石　②黑镜

电视背景墙上的凹凸造型丰富了空间，与深色家具色调上保持一致，使空间显得既冷静又时尚，彰显了主人的个性。

主要材料：①仿古砖　②壁纸　③肌理漆

施工要点

电视背景墙面用水泥砂浆找平，用点挂的方式将大理石固定在墙上，用木工板做出收边线条及两侧造型，贴橡木饰面板，刷油漆。

主要材料：①米黄大理石　②橡木饰面板　③玻化砖

施工要点

电视背景墙面用水泥砂浆找平，用干挂的方式将西班牙米黄大理石固定在墙上，完工后对石材进行养护；剩余墙面用木工板打底，将定制的硬包固定在底板上。

主要材料：①黑镜　②硬包　③西班牙米黄大理石

施工要点

用湿贴的方式将仿古砖固定在墙上，完工后用勾缝剂填缝；剩余两侧墙面用木工板打底，用托压固定的方式将金镜固定在电视背景墙两侧。

主要材料：①仿古砖　②金镜
　　　　　③木纹大理石

施工要点

用点挂的方式将米黄大理石固定在墙上，完工后对石材进行养护。镜子基层用木工板打底并做出两侧对称造型，用粘贴固定的方式固定黑镜。最后将订购的绿可板固定在两侧底板上。

主要材料：①黑镜　②米黄大理石
　　　　　③绿可板

电视背景墙上横向的条纹设计打造出复古时髦的个性空间，沙发背景墙上的水墨画为空间增添了亮点。

主要材料：①黑镜　②仿古砖

客厅墙面大面积采用文化石装饰，使空间显得亲切自然；大幅色彩艳丽的风景画给居室带来了休闲、惬意的生活气息。

主要材料：①文化石　②深啡网纹大理石

施工要点 电视背景墙面用水泥砂浆找平，用点挂的方式将大理石固定在墙上；剩余墙面防潮处理后用木工板打底，固定成品收边线条，用气钉将订购的软包固定在底板上。

主要材料：①软包　②木纹砖　③爵士白大理石

施工要点 电视背景墙面用水泥砂浆找平，防潮处理后用木工板打底，用粘贴固定的方式固定黑镜，用气钉及胶水固定软包；剩余墙面满刮腻子，用砂纸打磨光滑，刷一层基膜，贴壁纸。

主要材料：①黑镜　②软包　③无纺布壁纸

 施工要点 电视背景墙面用水泥砂浆找平，根据设计需求在电视背景墙上安装钢结构，用干挂的方式将订购的大理石固定在墙上，完工后对石材进行抛光、打蜡处理。

主要材料：①安曼米黄大理石　②银箔壁纸　③深啡网纹大理石

敞开式的客厅设计令空间更加大气、通透；沙发背景墙上仿古砖的运用，营造出耐人寻味的意境。

主要材料：①爵士白大理石　②壁纸　③仿古砖

施工要点

沙发背景墙面用水泥砂浆找平，用点挂的方式固定大理石；银镜基层用木工板打底，剩余墙面满刮三遍腻子，用砂纸打磨光滑，刷一层基膜，贴壁纸；用粘贴固定的方式将银镜固定在底板上。

主要材料：①壁纸　②银镜　③大花白大理石

施工要点

沙发背景墙面用水泥砂浆找平，用湿贴的方式将黑白根大理石及西班牙米黄大理石固定在墙上，完工后对石材进行抛光、打蜡处理；最后固定装饰挂画。

主要材料：①西班牙米黄大理石　②斑马木饰面板　③壁纸

施工要点

电视背景墙面用水泥砂浆找平，用湿贴的方式将爵士白大理石固定在墙上；用干挂的方式固定浅啡网纹大理石，完工后对石材进行抛光、打蜡处理。

主要材料：①浅啡网纹大理石　②壁纸　③爵士白大理石

施工要点

用湿贴的方式将安曼米黄大理石固定在墙上，完工后对石材进行抛光、打蜡处理；用木工板做出灯槽造型，满刮三遍腻子，用砂纸打磨光滑，刷一层基膜，贴壁纸。

主要材料：①安曼米黄大理石　②壁纸
　　　　　③斑马木饰面板

施工要点

电视背景墙面用水泥砂浆找平，根据设计需求在电视背景墙上安装钢结构，用干挂的方式将黑白根大理石及玉石固定在墙上，完工后进行石材养护。

主要材料：①仿木纹砖　②黑白根大理石　③玉石

施工要点

电视背景墙面用水泥砂浆找平，用干挂的方式将深啡网纹大理石及安曼米黄大理石固定在墙上，完工后对石材进行养护。

主要材料：①深啡网纹大理石　②安曼米黄大理石
　　　　　③银箔壁纸

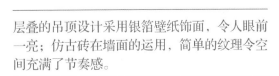

层叠的吊顶设计采用银箔壁纸饰面，令人眼前一亮；仿古砖在墙面的运用，简单的纹理令空间充满了节奏感。

主要材料：①玻化砖　②银箔壁纸

沙发背景墙上黑白根大理石与米黄大理石在色泽上形成鲜明的对比，成为了空间的视觉焦点；吊顶的弧形序列线条极具创意，令空间流露出浓浓的时尚感。

主要材料：①米黄大理石　②硅酸钙板　③胡桃木饰面板

施工要点 用湿贴的方式将沙安娜米黄大理石及收边线条固定在墙上，完工后进行抛光、打蜡处理；剩余两侧墙面用木工板打底，用粘贴固定的方式将黑镜固定在底板上，完工后用硅酮密封胶密封。

主要材料：①沙安娜米黄大理石　②黑镜　③银箔壁纸

施工要点 沙发背景墙面用水泥砂浆找平，用干挂的方式将安曼米黄大理石固定在墙上；剩余墙面用木工板打底，用气钉及胶水将定制的软包分块固定在底板上。

主要材料：①安曼米黄大理石　②软包　③银箔壁纸

施工要点 沙发背景墙面用水泥砂浆找平，用湿贴的方式固定黑白根大理石，用点挂的方式固定安曼米黄大理石；剩余墙面满刮三遍腻子，用砂纸打磨光滑，刷一层基膜，贴壁纸。

主要材料：①爵士白大理石　②安曼米黄大理石

方中套圆的吊顶设计丰富了空间的造型语言；竖条纹的绿可板在电视背景墙上的运用，装点出富有层次感的墙面。

主要材料：①绿可板　②仿木纹砖
　　　　　③爵士白大理石

施工要点

用湿贴的方式将米黄大理石固定在墙上，完工后对石材进行养护；剩余墙面用木工板打底，收边线条贴水曲柳饰面板后刷油漆；用粘贴固定的方式将银镜固定在底板上。

主要材料：①米黄大理石　②银镜

施工要点

电视背景墙面用水泥砂浆找平，用干挂的方式将爵士白大理石固定在墙上；剩余墙面用木工板做出造型，贴胡桃木饰面板后刷油漆。

主要材料：①仿木纹砖　②胡桃木饰面板
　　　　　③爵士白大理石

施工要点

电视背景墙面用水泥砂浆找平，用干挂的方式将爵士白及黑白根大理石固定在墙上；剩余墙面用木工板打底，用气钉及胶水将订购的软包固定在底板上。

主要材料：①爵士白大理石　②软包　③黑白根大理石

施工要点 用湿贴的方式将浅咖网大理石踢脚线固定在墙上，用点挂的方式固定爵士白大理石。剩余墙面满刮三遍腻子，用砂纸打磨光滑，刷一层基膜，贴壁纸。

主要材料：①浅咖网纹大理石　②壁纸
　　　　　③爵士白大理石

施工要点 电视背景墙面用水泥砂浆找平，用湿贴的方式将爵士白大理石固定在墙上，完工后对石材进行抛光、打蜡处理，最后固定成品实木线条。

主要材料：①爵士白大理石　②壁纸　③复合实木地板

施工要点 用干挂及点挂的方式将米黄大理石固定在电视背景墙上。镜子基层用木工板打底，剩余墙面满刮三遍腻子，用砂纸打磨光滑，刷一层基膜，贴壁纸。用粘贴固定的方式将黑镜固定在底板上。

主要材料：①安曼米黄大理石　②壁纸
　　　　　③黑镜

沙发背景墙采用大理石装饰，配以木材质的天然色泽和纹理，使挑高两层的客厅空间时尚又不失温馨。

主要材料：①银狐大理石　②白橡木　③玻化砖

施工要点

用湿贴的方式将仿木纹砖固定在墙上，完工后用勾缝剂填缝；剩余墙面防潮处理后用木工板打底，用粘贴固定的方式固定金镜，用气钉及胶水固定绿可板。

主要材料：①仿木纹砖　②金镜　③绿可板

施工要点

用湿贴的方式固定大理石踢脚线，用木工板及硅酸钙板做出电视背景墙上的造型。电视柜及储物层架贴水曲柳饰面板，刷油漆。剩余墙面满刮三遍腻子，用砂纸打磨光滑，刷底漆、面漆。

主要材料：①壁纸　②水曲柳饰面板　③白色大理石

施工要点

用木工板、硅酸钙板及石膏线条做出墙面上的造型。整个墙面满刮三遍腻子，用砂纸打磨光滑，刷底漆、面漆，用丙烯颜料将图案手绘到墙面上。最后安装实木踢脚线。

主要材料：①玻化砖　②丙烯颜料图案　③有色乳胶漆

选用木纹大理石装饰客厅墙面，使空间更显奢华；精致的吊顶配以古典浪漫的欧式家具，令空间散发出迷人的魅力。

主要材料：①木纹大理石　②金镜　③仿木纹砖

施工要点

根据设计需求在电视背景墙面上弹线放样；用木工板及硅酸钙板做出凹凸造型，墙面满刮三遍腻子，用砂纸打磨光滑，刷底漆、面漆；部分墙面刷一层基膜，用环保白乳胶配合专业壁纸粉将壁纸固定在墙面上；最后安装实木踢脚线。

主要材料：①壁纸　②实木地板

通透的花格板搭配矮墙作为电视背景墙，使空间通透、宽敞；过道墙壁的照片，成为空间最醒目的装饰，增添温馨感。

主要材料：①仿古砖　②花格板
　　　　　③仿木纹砖

施工要点

镜子基层用木工板打底，剩余墙面满刮三遍腻子，用砂纸打磨光滑，刷一层基膜，贴壁纸，固定实木收边线条；用玻璃胶将镜面马赛克固定在干净的底板上。

主要材料：①壁纸　②复合实木地板
　　　　　③镜面马赛克

施工要点 电视背景墙面用水泥砂浆找平，整个墙面满刮三遍腻子，用砂纸打磨光滑，刷底漆、有色面漆，最后安装实木踢脚线。有色乳胶漆需色卡选样、电脑调色。

主要材料：①复合实木地板 ②有色乳胶漆

施工要点 用干挂的方式将大理石固定在墙上，完工后对石材进行抛光、打蜡处理；镜子基层用木工板打底，用粘贴固定的方式将黑镜固定在底板上，完工后用硅酮密封胶密封。

主要材料：①浅啡网纹大理石 ②深啡网纹大理石 ③黑镜

施工要点 沙发背景墙面用水泥砂浆找平，按照设计图纸用木工板做出展示柜造型，贴水曲柳饰面板后刷油漆；剩余墙面满刮三遍腻子，用砂纸打磨光滑，刷底漆、面漆。

主要材料：①有色乳胶漆 ②水曲柳饰面板 ③复合实木地板

白色作为挑高客厅的主色调，奠定了空间大气、温馨的基调；蓝色软装配饰的点缀，为空间增添了一丝灵动感。

主要材料：①玻化砖 ②浅啡网纹大理石 ③深啡网纹大理石

用点挂的方式将爵士白大理石固定在墙上；根据设计需求用木工板做出两侧对称造型，墙面满刮三遍腻子，用砂纸打磨光滑，刷底漆、面漆；部分墙面刷一层基膜，贴壁纸。

主要材料：①壁纸　②爵士白大理石
　　　　　③亚光砖

客厅中银镜的大量运用，为高贵典雅的空间带来了现代和时尚感，同时增加空间的视觉通透感。

主要材料：①银镜　②米黄大理石
　　　　　③爵士白大理石

用点挂的方式将安曼米黄大理石及浅咖网纹大理石收边线条固定在墙上，完工后进行石材养护；剩余墙面用木工板打底，用粘贴固定的方式将印花金镜固定在底板上。

主要材料：①安曼米黄大理石
　　　　　②壁纸　③印花金镜

施工要点

电视背景墙面用水泥砂浆找平，用干挂的方式将木纹大理石固定在墙上；剩余墙面用木工板打底，用粘贴固定的方式将印花银镜固定在底板上，完工后用硅酮密封胶密封。

主要材料：①木纹大理石 ②印花银镜

客厅电视背景用素色壁纸搭配黑镜装饰，素雅的色调使空间显得单纯明净；沙发背景两幅摄影作品则给客厅增添了时尚气息。

主要材料：①玻化砖 ②壁纸 ③黑镜

施工要点

用湿贴的方式将安曼米黄大理石斜拼固定在墙上，完工后对石材进行养护；用木工板做出两侧对称造型，部分底板满刮腻子，刷底漆、面漆；用粘贴固定的方式将银镜固定在底板上。

主要材料：①银镜 ②安曼米黄大理石 ③玻化砖

施工要点

电视背景墙面用水泥砂浆找平，用点挂的方式将西班牙米黄大理石固定在墙上，完工后进行石材养护；剩余墙面用木工板打底，用粘贴固定的方式将灰镜固定在底板上，完工后用硅酮密封胶密封。

主要材料：①西班牙米黄大理石 ②灰镜 ③仿古砖

电视背景墙以天然的土耳其玫瑰大理石搭配黑镜装饰，在暖色灯光的照射下，使客厅焕发出迷人的魅力。

主要材料：①土耳其玫瑰大理石
　　　　　②黑镜

施工要点 电视背景墙面用水泥砂浆找平，根据设计需求在墙上安装钢结构，用干挂的方式将大理石固定在墙上，完工后进行抛光、打蜡处理。

主要材料：①米黄大理石　②浅咖网纹大理石

施工要点 用湿贴的方式将仿古砖固定在墙上，完工后用勾缝剂填缝；剩余墙面用木工板打底，用粘贴固定的方式将茶镜固定在底板上，完工后用硅酮密封胶密封。

主要材料：①仿古砖　②茶镜　③米黄大理石

施工要点 用湿贴的方式将安曼米黄大理石固定在墙上；剩余墙面用木工板打底，部分墙面满刮二遍腻子，用砂纸打磨光滑，刷底漆、面漆；用粘贴固定的方式将印花茶镜固定在底板上。

主要材料：①壁纸　②印花茶镜
　　　　　③安曼米黄大理石

施工要点 沙发背景墙面用水泥砂浆找平，部分墙面用木工板打底。剩余墙面满刮三遍腻子，用砂纸打磨光滑，刷一层基膜，贴壁纸。用气钉及软包固定软包，最后固定不锈钢收边线条。

主要材料：①壁纸 ②仿木纹地砖 ③软包

施工要点 电视背景墙面用水泥砂浆找平，用木工板打底，收边线条贴水曲柳饰面板后刷油漆；用粘贴固定的方式固定银镜，用胶水及气钉固定软包。

主要材料：①银镜 ②软包

施工要点 电视背景墙面用水泥砂浆找平，用点挂的方式将大理石固定在墙上，剩余墙面防潮处理后用木工板打底，用粘贴固定的方式固定银镜。

主要材料：①安曼米黄大理石 ②银镜 ③软包

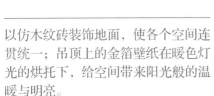

以仿木纹砖装饰地面，使各个空间连贯统一；吊顶上的金箔壁纸在暖色灯光的烘托下，给空间带来阳光般的温暖与明亮。

主要材料：①仿木纹地砖 ②金箔壁纸 ③茶镜

挑高的客厅空间运用白色与黑色搭配装饰，极具时尚感；浅紫色的沙发为空间带来浪漫温馨的气息。

主要材料：①壁纸　②黑镜　③硬包

施工要点 用点挂的方式将西班牙米黄大理石固定在墙上；剩余墙面防潮处理后用木工板打底，用粘贴固定的方式将金镜固定在底板上，完工后用硅酮密封胶密封。

主要材料：①西班牙米黄大理石　②印花金镜　③壁纸

施工要点 电视背景墙面用水泥砂浆找平，镜子基层用木工板打底；用木工板及硅酸钙板做出两侧对称造型，固定成品画框线；剩余墙面满刮三遍腻子，用砂纸打磨光滑，刷底漆、面漆；用粘贴固定的方式固定银镜。

主要材料：①银镜　②爵士白大理石　③白色乳胶漆

施工要点 用湿贴的方式将仿古砖斜拼固定在墙上，完工后用勾缝剂填缝；剩余墙面用木工板打底，固定成品实木线条；用粘贴固定的方式将银镜固定在底板上，完工后用硅酮密封胶密封。

主要材料：①仿古砖　②壁纸　　　　③银镜

 施工要点 用点挂的方式将金花米黄大理石固定在墙上，完工后进行石材养护；镜子基层用木工板打底，用粘贴固定的方式固定银镜；最后安装不锈钢收边线条。

主要材料：①深啡网纹大理石 ②金花米黄大理石 ③印花银镜

 施工要点 用湿贴的方式将仿木纹砖固定在墙上；剩余墙面用木工板打底，用粘贴固定的方式将黑镜固定在底板上，完工后用硅酮密封胶密封。

主要材料：①壁纸 ②黑镜 ③仿木纹砖

电视背景墙采用对称式设计，空间更显整体、大气；银镜装饰丰富了空间的视觉效果，带来了时尚感。

主要材料：①米黄大理石 ②银镜 ③壁纸

 施工要点 用木工板做出电视背景墙上的造型；墙面满刮三遍腻子，用砂纸打磨光滑，刷底漆、面漆；部分墙面刷一层基膜后贴壁纸；最后安装波浪板。

主要材料：①壁纸 ②实木地板 ③波浪板

施工要点

根据设计需求在电视背景墙上安装钢结构，用干挂的方式将大理石固定在墙上，完工后对石材进行抛光、打蜡处理。

主要材料：①浅啡网纹大理石　②玻化砖

施工要点

用点挂的方式将米黄大理石固定在墙上；用木工板做出柱状造型，贴柚木饰面板后刷油漆；剩余墙面满刮三遍腻子，用砂纸打磨光滑，刷一层基膜后贴壁纸。

主要材料：①米黄大理石　②柚木饰面板　③壁纸

客厅地面采用大理石交错斜拼，极具视觉冲击力；电视背景墙大面积运用灰镜装饰，给空间带来了时尚感。

主要材料：①灰镜　②爵士白大理石　③软包

印花金镜装饰客厅吊顶，灯光的引入增加了顶部的装饰美感；沙发背景墙采用同样的金镜装饰，延伸了视觉空间。

主要材料：①壁纸 ②米黄大理石 ③金镜

 施工要点 用硅酸钙板及石膏线条做出电视背景墙上的造型；整个墙面满刮三遍腻子，用砂纸打磨光滑，刷底漆、面漆；部分墙面刷一层基膜后贴壁纸。

主要材料：①壁纸 ②玻化砖 ③石膏线条

 施工要点 用白水泥将马赛克固定在墙上；剩余墙面用木工板打底并做出电视柜，贴水曲柳饰面板，刷油漆；用粘贴固定的方式固定金镜，完工后用硅酮密封胶密封；用气钉及胶水将订购的软包固定在剩余底板上，最后固定收边线条。

主要材料：①马赛克 ②软包 ③金镜

 施工要点 用湿贴的方式将深啡网纹大理石及仿木纹砖固定在墙上，完工后用勾缝剂填缝；剩余墙面用木工板打底，用粘贴固定的方式将印花黑镜固定在底板上。

主要材料：①印花黑镜 ②仿木纹砖 ③深啡网纹大理石

施工要点

用干挂的方式将安曼米黄大理石固定在墙上,完工后对石材进行抛光、打蜡处理;剩余墙面用木工板打底,用粘贴固定的方式将黑镜固定在底板上。

主要材料:①玻化砖
②安曼米黄大理石
③黑镜

电视背景墙的凹凸造型丰富了空间的造型语言;白色的墙面搭配暖色的印花壁纸,使整体空间呈现出现代简约风格。

主要材料:①壁纸 ②有色乳胶漆
③玻化砖

施工要点 用湿贴的方式将仿木纹砖固定在墙上,完工后用勾缝剂填缝;剩余墙面用木工板打底并做出收边线条,线条贴水曲柳饰面板后刷油漆;用粘贴固定的方式将黑镜固定在底板上,完工后用硅酮密封胶密封。

主要材料:①仿木纹砖 ②黑镜 ③水曲柳饰面板

施工要点 电视背景墙面用水泥砂浆找平,根据设计需求在墙上安装钢结构,用干挂的方式将米黄大理石固定在墙上,完工后进行石材养护;剩余墙面用肌理漆饰面。

主要材料:①实木地板 ②米黄大理石

施工要点　电视背景墙面用水泥砂浆找平，镜子基层用木工板打底；剩余墙面满刮三遍腻子，用砂纸打磨光滑，刷一层基膜，贴壁纸；用粘贴固定的方式固定红镜，完工后用硅酮密封胶密封。

主要材料：①红镜　②仿古砖

施工要点　用点挂的方式将大理石固定在墙上，完工后对石材进行养护；剩余墙面用木工板打底并做出对称造型，部分底板满刮三遍腻子，刷底漆、面漆；用粘贴固定的方式将灰镜固定在剩余底板上。

主要材料：①灰镜　②金丝米黄大理石　③壁纸

施工要点　沙发背景墙面用水泥砂浆找平，整个墙面满刮三遍腻子，用砂纸打磨光滑，刷一层基膜，用环保白乳胶配合专业壁纸粉将壁纸固定在墙上，最后安装实木踢脚线。

主要材料：①仿古砖　②黑镜　③壁纸

沙发背景墙采用不同材质组构，虚实结合，延伸了视觉空间；吊顶中也大面积运用银镜装饰，视觉效果突出。

主要材料：①米黄大理石　②银镜

电视背景墙采用竖条纹的壁纸装饰视觉上拉伸了纵向高度；色彩绚丽的沙发搭配紫罗兰色的背景，令恬美的空间弥漫着温情暖意。

主要材料：①壁纸
　　　　　②有色乳胶漆
　　　　　③钢化玻璃

施工要点 用木工板做出电视背景墙上的造型；墙面满刮三遍腻子，用砂纸打磨光滑，刷底漆、面漆；部分墙面刷一层基膜，贴壁纸；用粘贴固定的方式将银镜固定在底板上，完工后用硅酮密封胶密封。

主要材料：①壁纸 ②印花银镜 ③玻化砖

施工要点 用木工板及硅酸钙板做出电视背景墙上的造型，电视柜贴水曲柳饰面板，刷油漆；剩余墙面满刮三遍腻子，用砂纸打磨光滑，刷底漆、面漆；用粘贴固定的方式将黑镜固定在底板上。

主要材料：①黑镜 ②壁纸 ③玻化砖

施工要点 电视背景墙面用水泥砂浆找平；软包基层用木工板打底，安装成品框边线条；剩余墙面满刮三遍腻子，用砂纸打磨光滑，刷一层基膜，贴壁纸；用气钉及胶水将软包固定在底板上。

主要材料：①皮革软包 ②壁纸
　　　　　③白色大理石

暗红色的沙发给客厅带来了温馨感；爵士白大理石与银镜搭配装饰沙发背景墙，使空间弥漫着浓郁的时尚感。

主要材料：①银镜　②爵士白大理石　③仿木纹砖

 施工要点 用干挂的方式将大理石固定在墙上，完工后对石材进行抛光、打蜡处理；剩余墙面用木工板打底，用玻璃胶将镜面马赛克固定在墙面上。

主要材料：①爵士白大理石　②镜面马赛克　③壁纸

 施工要点 电视背景墙面用水泥砂浆找平，用干挂的方式将爵士白大理石固定在墙上；剩余墙面用木工板打底，用气钉及胶水固定软包；用粘贴固定的方式固定黑镜。

主要材料：①爵士白大理石　②软包　③黑镜

 施工要点

电视背景墙面用水泥砂浆找平，用点挂的方式将米黄大理石及浅咖网纹大理石固定在墙上；镜子基层用木工板打底，用粘贴固定的方式固定银镜；剩余墙面满刮三遍腻子，用砂纸打磨光滑，刷底漆、面漆。

主要材料：①米黄大理石
　　　　　②浅咖网纹大理石
　　　　　③仿木纹地砖

施工要点

电视背景墙面用水泥砂浆找平，用干挂及湿贴的方式将安曼米黄大理石固定在墙上，完工后对石材进行养护。

主要材料：①安曼米黄大理石 ②地毯

墙面的米黄色和自然的木色融为一体，清新温婉的色调使人感觉轻松、舒适。栩栩如生的墙贴给空间带来了无限生机。

主要材料：①有色乳胶漆 ②灰镜
③复合实木地板

施工要点

用湿贴的方式将沙安娜米黄大理石固定在墙上，完工后进行抛光、打蜡处理；安装实木收边线条，剩余墙面用木工板打底，用托压固定的方式将印花银镜固定在底板上，完工后用硅酮密封胶密封。

主要材料：①沙安娜米黄大理石 ②银镜 ③复合实木地板

施工要点

用湿贴的方式将西班牙米黄大理石固定在沙发背景墙上，完工后对石材进行养护；剩余墙面用木工板做出造型，满刮三遍腻子，用砂纸打磨光滑，刷底漆、面漆。

主要材料：①西班牙米黄大理石 ②亚光砖

施工要点

沙发背景墙面用水泥砂浆找平，用湿贴的方式固定米黄大理石，固定成品实木线条；剩余墙面满刮三遍腻子，用砂纸打磨光滑，刷一层基膜，贴壁纸。

主要材料：①黑镜 ②壁纸 ③软包

施工要点

根据设计需求在电视背景墙上安装钢结构，用点挂的方式将西班牙米黄大理石固定在墙上，完工后对石材进行养护；剩余墙面用木工板打底，用粘贴固定的方式将灰镜固定在底板上。

主要材料：①灰镜 ②西班牙米黄大理石
　　　　　③玻化砖

整体暖色调的搭配让客厅富有舒适、自然的生活美感；颜色艳丽的抱枕的点缀，让空间多了几分活跃气息。

主要材料：①壁纸 ②玻化砖
　　　　　③水曲柳饰面板

施工要点

电视背景墙面用水泥砂浆找平，用硅酸钙板及木工板做出格子造型；墙面满刮三遍腻子，用砂纸打磨光滑，刷底漆、白色及有色面漆。

主要材料：①有色乳胶漆　②实木地板
　　　　　③杉木板

电视背景墙上的花形图案给空间带来了些许生机；几处镜面玻璃的点缀，视觉上拉伸了空间，带来明亮的视觉效果。

主要材料：①银镜　②黑镜
　　　　　③啡网纹大理石

施工要点

用湿贴的方式将米黄大理石固定在墙上，完工后进行抛光、打蜡处理；剩余墙面用木工板打底，贴水曲柳饰面板，刷油漆。

主要材料：①米黄大理石　②水曲柳饰面板
　　　　　③壁纸

施工要点

沙发背景墙面用水泥砂浆找平，用木工板做出墙面上造型，部分墙面满刮三遍腻子，用砂纸打磨光滑，刷底漆、面漆；用粘贴固定的方式将黑镜及银镜固定在底板上，完工后用硅酮密封胶密封。

主要材料：①黑镜　②银镜　③壁纸

施工要点

用木工板及硅酸钙板做出电视背景墙上的造型，墙面满刮三遍腻子，用砂纸打磨光滑，刷底漆、面漆；部分墙面刷一层基膜后贴壁纸；用粘贴固定的方式将金镜固定在底板上。

主要材料：①金镜　②壁纸　③玻化砖

电视背景墙选用暖色调的软包装饰，给空间带来温馨感；灯光的烘托，使空间更显金碧辉煌。

主要材料：①软包　②枫木饰面板

施工要点

用干挂的方式将大理石固定在电视背景墙上，完工后对石材进行养护；剩余两侧墙面用木工板打底，用气钉将软包固定在底板上。

主要材料：①壁纸　②大理石　③软包

施工要点

电视背景墙面用水泥砂浆找平，整个墙面用木工板打底并做出收边线条，线条贴水曲柳饰面板，刷油漆；用粘贴固定的方式将银镜固定在底板上，完工后用硅酮密封胶，最后固定硬包。

主要材料：①银镜　②硬包　③浅啡网纹大理石

施工要点

用湿贴的方式将大理石固定在墙面及矮台上，完工后进行抛光、打蜡处理；剩余墙面用木工板打底，用粘贴固定的方式固定金镜，最后固定收边线条。

主要材料：①爵士白大理石
②黑金沙大理石
③金镜

 施工要点

用木工板做出电视背景墙上的造型，贴枫木饰面板后刷油漆；剩余墙面满刮三遍腻子，用砂纸打磨光滑，刷一层基膜后贴壁纸；用粘贴固定的方式将金镜固定在剩余底板上。

主要材料：①复合实木地板 ②壁纸 ③金镜

 施工要点

用湿贴的方式将仿古砖及安曼米黄大理石固定在电视背景墙上，完工后对仿古砖进行勾缝，对石材进行养护。

主要材料：①安曼米黄大理石 ②仿古砖

吊顶上的暖色灯光将客厅烘托得温馨、浪漫；花纹壁纸搭配黑镜装饰电视背景墙，给宽敞的客厅增添了几许动感。

主要材料：①壁纸 ②黑镜
③仿木纹砖

白色与暖黄色装饰挑高的客厅，空间显得明亮开阔、沉稳大气；钢化玻璃的运用带来丰富的视觉效果，增添客厅的时尚感。

主要材料：①壁纸　②米黄大理石　③钢化玻璃

施工要点

用湿贴的方式将马赛克固定在墙上；部分墙面用木工板打底并做出收边线条；剩余墙面满刮三遍腻子，用砂纸打磨光滑，刷一层基膜，贴壁纸；用粘贴固定的方式将印花灰镜固定在底板上。

主要材料：①马赛克　②无纺布壁纸　③印花灰镜

施工要点

用干挂的方式将大理石固定在墙上；剩余墙面防潮处理后用木工板打底，用粘贴固定的方式将银镜固定在底板上，最后固定通花板。

主要材料：①米黄大理石　②银镜

施工要点

电视背景墙面用水泥砂浆找平，用湿贴的方式将雪花白大理石及黄色大理石固定在电视背景墙上，完工后进行抛光、打蜡处理；最后固定成品实木收边线条。

主要材料：①玻化砖　②雪花白大理石

施工要点 用点挂的方式将世纪金花大理石固定在墙上，剩余两侧墙面用木工板打底，用托压固定的方式固定银镜，最后将密度板通花固定银镜上。

主要材料：①银镜　②世纪金花大理石
　　　　　③密度板通花

施工要点 电视背景墙面用水泥砂浆找平，根据设计需求在电视背景墙上安装钢结构，用干挂的方式将米黄大理石固定在墙上，完工后对石材进行抛光、打蜡处理。

主要材料：①米黄大理石　②黑镜

施工要点

用点挂的方式将大理石固定在墙上，完工后对石材进行养护；用木工板做出电视柜造型，贴枫木饰面板刷油漆；剩余墙面用木工板打底，用粘贴固定的方式固定黑镜。

主要材料：①壁纸　②黑镜
　　　　　③雪花白大理石

吊顶的设计延续了建筑原有的圆形构造，搭配金色的印花壁纸及特制水晶吊灯，营造出典雅高贵的空间气氛。

主要材料：①壁纸　②米黄大理石
　　　　　③复合实木地板

一盏精美的水晶吊灯成为客厅的视觉焦点,使空间变得格外精彩;简约的布艺沙发突出了空间的现代简约风格。

主要材料:①仿木纹砖 ②黑镜

施工要点 沙发背景墙面用水泥砂浆找平,整个墙面满刮三遍腻子,用砂纸打磨光滑,安装成品石膏线条及实木线条;墙面刷一层基膜,贴壁纸。

主要材料:①壁纸 ②实木线条 ③爵士白大理石

施工要点 用湿贴的方式将白色大理石固定在电视背景墙上,完工后进行石材养护;剩余墙面用木工板打底,部分墙面满刮腻子,用砂纸打磨光滑,刷底漆、面漆;用粘贴固定的方式将黑镜固定在剩余底板上。

主要材料:①黑镜 ②仿木纹砖 ③白色大理石

施工要点 用干挂的方式将白色大理石固定在电视背景墙上,完工后对石材进行抛光、打蜡处理;用木工板做出两侧对称造型,贴沙比利饰面板后刷油漆。

主要材料:①仿古砖 ②壁纸 ③沙比利饰面板

电视背景墙面用水泥砂浆找平，用木工板做出图中造型，贴沙比利饰面板后刷油漆；剩余墙面满刮三遍腻子，用砂纸打磨光滑，刷一层基膜，贴壁纸。

主要材料：①仿古砖 ②沙比利饰面板
③壁纸

客厅没有过多装饰，保留原有建筑的吊顶，色彩艳丽的沙发及素雅的墙面配饰，表现出轻松自然的生活态度。

主要材料：①文化石 ②亚光砖

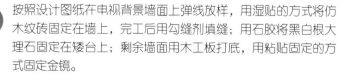

按照设计图纸在电视背景墙面上弹线放样，用湿贴的方式将仿木纹砖固定在墙上，完工后用勾缝剂填缝；用石胶将黑白根大理石固定在矮台上；剩余墙面用木工板打底，用粘贴固定的方式固定金镜。

主要材料：①金镜 ②仿木纹砖 ③壁纸

用湿贴的方式将米黄大理石固定在电视背景墙上，完工后对石材进行抛光、打蜡处理；用木工板做出展示柜造型，贴水曲柳饰面板后刷油漆。

主要材料：①米黄大理石 ②水曲柳饰面板

施工要点

根据设计需求电视背景墙砌成设计的造型,用点挂及干挂的方式固定帝王金大理石;用木工板做出石材收边线条,贴水曲柳饰面板,刷油漆。

主要材料:①帝王金大理石
　　　　　②水曲柳饰面板
　　　　　③壁纸

施工要点

用点挂的方式将米黄大理石固定在墙上,完工后对石材进行抛光、打蜡处理;剩余墙面用木工板打底,安装实木收边线条,用粘贴固定的方式将银镜固定在底板上。

主要材料:①银镜　②米黄大理石
　　　　　③壁纸

施工要点

按照设计图纸在墙面上弹线放样,用湿贴及干挂的方式将大理石固定在墙上;用木工板做出收边线条,贴枫木饰面板后刷油漆。

主要材料:①银镜
　　　　　②爵士白大理石
　　　　　③枫木饰面板

施工要点 用木工板及硅酸钙板做出电视背景墙上的造型，层板贴装饰面板后刷油漆；剩余墙面满刮三遍腻子，用砂纸打磨光滑，刷底漆、面漆；部分墙面刷一层基膜后贴壁纸。

主要材料：①木造型刷白漆　②玻化砖　③壁纸

施工要点 用点挂的方式将爵士白大理石固定在墙上，完工后对石材进行养护处理；剩余墙面防潮处理后用木工板打底，用粘贴固定的方式将黑镜固定在底板上，完工后用硅酮密封胶密封。

主要材料：①实木地板　②爵士白大理石　③黑镜

施工要点 电视背景墙面用水泥砂浆找平，整个墙面防潮处理后用木工板打底，在底板上弹线放样；用气钉及胶水将软包固定在底板上，用粘贴固定的方式将银镜固定在剩余底板上。

主要材料：①软包　②银镜　③壁纸

电视背景用软包搭配黑镜装饰，带来时尚和温馨感；吊顶上黑镜的运用，延伸了视觉空间，也使空间效果更加华美。

主要材料：①软包　②黑镜　③亚光砖

施工要点 用点挂的方式将爵士白大理石固定在墙上，完工后对其进行养护；剩余墙面用木工板打底并做出层板造型，贴水曲柳饰面板后刷油漆；用粘贴固定的方式将黑镜固定在底板上，完工后用硅酮密封胶密封。

主要材料：①爵士白大理石 ②黑镜

花瓣状的吊灯在暖色灯光衬托下优美雅致；空间整体的白色调搭配浅色的家具给人以典雅高贵之感。

主要材料：①文化石 ②复合实木地板 ③实木踢脚线

 用干挂的方式固定橙皮红大理石，完工后对石材进行抛光，打蜡处理。

主要材料：①橙皮红大理石
②浅啡网纹大理石

过道吊顶以黑镜装饰，视觉上拉伸了空间高度，同时也使空间更显大气和雅致。

主要材料：①黑镜　②老木纹大理石　③爵士白大理石

施工要点 沙发背景墙面用水泥砂浆找平，用木工板做出两侧对称造型，贴装饰面板，刷油漆；剩余墙面满刮三遍腻子，用砂纸打磨光滑，刷一层壁纸，贴壁纸。

主要材料：①壁纸　②银镜　③复合实木地板

施工要点 用湿贴的方式将仿木纹砖固定在墙上；剩余墙面防潮处理后用木工板打底，用粘贴固定的方式将金镜固定在底板上，完工后用硅酮密封胶密封。

主要材料：①壁纸　②金镜　③仿木纹砖

施工要点 设计需求在电视背景墙上安装钢结构，用干挂的方式将爵士白大理石固定在墙上，完工后对石材进行抛光打蜡处理；剩余墙面用木工板打底，用粘贴固定的方式固定黑镜。

主要材料：①爵士白大理石　②黑镜

施工要点

电视背景墙面用水泥砂浆找平，整个墙面用木工板打底，部分底板贴柚木饰面板，刷油漆；用粘贴固定的方式将黑镜固定在底板上；用气钉将软包固定在剩余底板上。

主要材料：①软包　②黑镜　③柚木饰面板

纯净的白色弱化了空间布局的曲折感，同时打下明亮的空间底色。电视背景墙两侧对称的浮雕花纹富有层次感，布艺家具则增加了空间的温馨气息。

主要材料：①爵士白大理石　②壁纸　③软包

施工要点 沙发背景墙面用水泥砂浆找平，用点挂及干挂的方式将米黄大理石凹凸错落地固定在墙上，完工后对石材进行抛光、打蜡处理。

主要材料：①米黄大理石　②浅啡网纹大理石

施工要点 用木工板做出电视背景墙上的造型，部分墙面贴水曲柳饰面板，刷油漆；用粘贴固定的方式将黑镜固定在剩余底板上，完工后用硅酮密封胶密封。

主要材料：①水曲柳饰面板　②黑镜　③玻化砖

施工要点

根据设计需求安装钢结构，用干挂的方式将大理石固定在矮墙上；剩余墙面满刮三遍腻子，用砂纸打磨光滑，刷一层基膜，贴壁纸。

主要材料：①壁纸　②安曼米黄大理石　③软包

施工要点

用干挂的方式将大理石固定在墙上，完工后对石材进行抛光、打蜡处理；剩余墙面用木工板打底，用粘贴固定的方式将黑镜固定在底板上，完工后用硅酮密封胶密封。

主要材料：①啡网纹大理石　②壁纸　③黑镜

施工要点

用硅酸钙板做出电视背景墙上的造型，墙面满刮三遍腻子，用砂纸打磨光滑，刷底漆、有色面漆；将护墙板固定在墙上。

主要材料：①有色乳胶漆　②仿古砖　③沙比利饰面板

电视背景墙以咖啡色软包装饰，带来了温馨感；水晶吊灯和家具的优美线条，令时尚的空间融入几许浪漫气息。

主要材料：①软包　②壁纸　③米黄大理石

 施工要点 用点挂的方式将砂岩固定在墙上，用湿贴的方式固定仿古砖；剩余墙面满刮三遍腻子，用砂纸打磨光滑，刷底漆、面漆；电视柜贴水曲柳饰面板，刷油漆。

主要材料：①砂岩 ②马赛克

 施工要点 电视背景墙面用水泥砂浆找平，镜子基层用木工板打底，安装成品画框线；剩余墙面满刮三遍腻子，用砂纸打磨光滑，刷一层基膜，贴壁纸；用粘贴固定的方式固定金镜。

主要材料：①金镜 ②壁纸 ③玻化砖

咖啡色与白色搭配作为空间的主色调，质朴、舒适；鲜花的点缀，令空间弥漫着浓郁的自然气息。

主要材料：①壁纸 ②玻化砖 ③银镜

 施工要点 电视背景墙面用水泥砂浆找平，整个墙面满刮三遍腻子，用砂纸打磨光滑，刷底漆、白色和有色面漆。用丙烯颜料将图案手绘到墙面上。

主要材料：①壁纸 ②仿古砖 ③丙烯颜料图案

施工要点

用湿贴的方式将大理石固定在墙上，剩余墙面用木工板打底，安装不锈钢收边线条，用胶水及气钉将软包固定在底板上。

主要材料：①软包　②不锈钢条　③爵士白大理石

施工要点

用湿贴的方式将深啡网纹大理石踢脚线固定在墙上，墙面满刮三遍腻子，用砂纸打磨光滑，刷一层基膜，贴壁纸，最后安装头木收边线条及密度板通花。

主要材料：①壁纸　②深啡网纹大理石　③软包

施工要点

用石膏线条做出电视背景墙上的造型，整个墙面满刮三遍腻子，用砂纸打磨光滑，刷底漆、面漆；部分墙面刷一层基膜，贴壁纸；最后安装实木踢脚线。

主要材料：①仿古砖　②有色乳胶漆　③壁纸

施工要点

电视背景墙面用水泥砂浆找平，固定石膏线条，墙面满刮三遍腻子，用砂纸打磨光滑，刷一层基膜，用环保白乳胶配合专业壁纸粉将壁纸固定在墙上。

主要材料：①壁纸　②银镜　③安曼米黄大理石

弧形的灯槽设计丰富了空间的造型语言，带来了律动感；电视背景墙采用米黄大理石装饰，两侧的银镜装饰有效地延伸了视觉空间；现代材质的大量使用，营造出明朗开阔、时尚大气的空间印象。

主要材料：①米黄大理石　②银镜
　　　　　③木纹地砖

施工要点 用木工板做出层板造型，贴水曲柳饰面板后刷油漆；剩余墙面用木工板打底，用粘贴固定的方式固定黑镜；最后固定硬包。

主要材料：①水曲柳饰面板　②硬包　③黑镜

施工要点 电视背景墙面用水泥砂浆找平，用点挂的方式固定米黄大理石；剩余墙面防潮处理后用木工板打底，用粘贴固定的方式固定银镜，完工后用硅酮密封胶进行密封。

主要材料：①银镜　②米黄大理石　③复合实木地板

施工要点 电视背景墙面用水泥砂浆找平，用点挂的方式将爵士白大理石收边线条固定在墙上；剩余墙面用木工板打底，部分底板满刮腻子，刷底漆、面漆；用粘贴固定的方式将茶镜固定在底板上，用气钉及胶水固定软包。

主要材料：①壁纸　②皮革软包　③茶镜

施工要点

电视背景墙用水泥砂浆找平，硬包及镜子基层用木工板打底，固定石膏线条；剩余墙面满刮腻子，刷底漆、面漆；用气钉将硬包固定在底板上；用粘贴固定的方式固定印花茶镜。

主要材料：①硬包　②镜面　③杉木板

施工要点

用点挂的方式将米黄洞石固定在墙上，镜子基层用木工板打底；剩余墙面满刮三遍腻子，用砂纸打磨光滑，刷底漆、面漆；部分墙面刷一层基膜后贴壁纸，用粘贴固定的方式将银镜固定在底板上。

主要材料：①壁纸　②米黄洞石　③银镜

白色基调的客厅只用浅暖色作为轻盈的点缀色，令简约的空间洗练而富有个性，给人以无尽的想象。

主要材料：①仿古砖　②银狐大理石　③有色乳胶漆

施工要点

按照设计图纸在墙面上弹线放样，用木工板做出电视背景墙上的造型，部分墙面贴红橡木饰面板后刷油漆；用气钉及胶水将订购的硬包分块固定在底板上。

主要材料：①壁纸　②硬包
　　　　　③红橡木饰面板

大面积的印花壁纸令客厅更显温馨；电视背景墙上的银镜给居室带来明亮感，同时视觉上也放大了客厅空间。

主要材料：①壁纸　②马赛克　③银镜

施工要点

根据设计需求在墙上安装钢结构，用干挂的方式固定爵士白大理石；剩余墙面满刮三遍腻子，用砂纸打磨光滑，刷一层基膜，贴壁纸。

主要材料：①无纺布壁纸　②爵士白大理石
　　　　　③亚光砖

施工要点

用干挂的方式将白色大理石固定在墙上，完工后对石材进行抛光、打蜡处理；剩余部分墙面用木工板打底，满刮三遍腻子，刷底漆、有色面漆；最后安装固定亚克力板。

主要材料：①爵士白大理石　②仿木纹地砖
　　　　　③黑金花大理石

用湿贴的方式将大理石固定在墙上；剩余墙面用木工板打底，用粘贴固定的方式固定银镜，完工后用硅酮密封胶密封；用气钉及胶水固定软包。

主要材料：①木纹地砖　②软包　③银镜

用点挂的方式将大理石固定在墙上，用木工板做出灯槽结构；部分墙面满刮三遍腻子，用砂纸打磨光滑，刷底漆、面漆；用粘贴固定的方式将银镜固定在底板上，完工后用硅酮密封胶密封。

主要材料：①银镜　②壁纸

用干挂的方式固定米黄大理石，完工后对石材进行养护处理；剩余两侧墙面防潮处理后用木工板打底，用粘贴固定的方式将银镜固定在底板上。

主要材料：①西班牙米黄大理石
　　　　　②壁纸　③银镜

电视背景墙用浅咖啡色硬包装饰，给人温馨、舒适的感觉；以通透花格板作为沙发背景，展现出一个富有个性的空间。

主要材料：①硬包　②白色大理石
　　　　　③花格板

大理石与黑镜搭配装饰主题墙，使空间显得优雅、时尚；沙发背景墙上的墙贴栩栩如生，给客厅带来生机与活力。

主要材料：①黑镜　②玻化砖
　　　　　③金丝米黄大理石

施工要点
根据设计需求在墙面上弹线放样，用点挂的方式固定大理石；剩余墙面防潮处理后用木工板打底，用粘贴固定的方式固定灰镜。

主要材料：①壁纸　②白色大理石　③灰镜

施工要点
根据设计需求在电视背景墙上安装钢结构，用干挂的方式将爵士白大理石固定在墙上，完工后进行抛光、打蜡处理；剩余墙面用木工板打底，用粘贴固定的方式将灰镜固定在底板上。

主要材料：①爵士白大理石　②灰镜　③玻化砖

施工要点
用湿贴的方式将爵士白大理石固定在墙上，完工后对其进行养护处理；剩余墙面防潮处理后用木工板打底，用粘贴固定的方式固定灰镜，完工后用硅酮密封胶密封。

主要材料：①爵士白大理石　②灰镜
　　　　　③壁纸

用湿贴的方式将深啡网纹大理石踢脚线固定在墙上；剩余墙面满刮三遍腻子，用砂纸打磨光滑，刷底漆、有色面漆。

主要材料：①水曲柳饰面板
　　　　　②有色乳胶漆
　　　　　③仿古砖

复合实木地板作为地面装饰，串联起各个空间；沙发背景墙采用对称式设计，加之竖条纹柚木饰面板的装饰，使空间更显整洁、清新。

主要材料：①壁纸　②复合实木地板
　　　　　③柚木饰面板

施工要点 电视背景墙面用水泥砂浆找平，用点挂的方式固定大理石收边线条；剩余墙面用木工板打底，用气钉及胶水固定硬包。

主要材料：①西班牙米黄大理石　②硬包
　　　　　③深啡网纹大理石

施工要点 沙发背景墙面用水泥砂浆找平，用湿贴的方式固定踢脚线；剩余墙面满刮三遍腻子，用砂纸打磨光滑，刷底漆、有色面漆。有色乳胶漆需色卡选样，电脑调色。

主要材料：①有色乳胶漆　②玻化砖
　　　　　③深啡网纹大理石踢脚线

施工要点

用湿贴的方式将仿木纹砖固定在墙上，硬包基层用木工板打底。剩余墙面满刮腻子，用砂纸打磨光滑，刷一层基膜，贴壁纸。用气钉将硬包固定在底板上。

主要材料：①仿木纹砖　②硬包　③壁纸

施工要点

用木工板及硅酸钙板做出造型，电视柜贴橡木饰面板，刷油漆；剩余墙面满刮三遍腻子，用砂纸打磨光滑，刷底漆、面漆；部分墙面刷一层基膜，贴壁纸；最后安装实木踢脚线。

主要材料：①无纺布壁纸　②橡木饰面板　③复合实木地板

施工要点

电视背景墙面用水泥砂浆找平，用干挂的方式将爵士白大理石固定在墙上；剩余墙面防潮处理后用木工板打底；用粘贴固定的方式将黑镜固定在底板上，完工后用硅酮密封胶密封。

主要材料：①壁纸　②爵士白大理石
③黑镜

施工要点

电视背景墙用水泥砂浆找平，根据设计需求在墙面上弹线放样，安装钢结构，用干挂的方式将大理石固定在墙上，固定不锈钢线条，最后对石材进行养护。

主要材料：①橡木饰面板
②植绒壁纸
③米黄大理石

施工要点

电视背景墙面用水泥砂浆找平，整个墙面满刮三遍腻子，用砂纸打磨光滑，刷一层基膜，用环保白乳胶配合专业壁纸粉将壁纸固定在墙面上，最后安装实木踢脚线。

主要材料：①实木踢脚线
　　　　　②仿古砖
　　　　　③壁纸

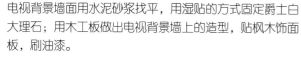

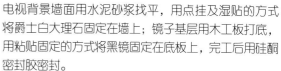

施工要点

电视背景墙面用水泥砂浆找平，用湿贴的方式固定爵士白大理石；用木工板做出电视背景墙上的造型，贴枫木饰面板，刷油漆。

主要材料：①枫木饰面板　②爵士白大理石
　　　　　③复合实木地板

施工要点

电视背景墙面用水泥砂浆找平，用点挂及湿贴的方式将爵士白大理石固定在墙上；镜子基层用木工板打底，用粘贴固定的方式将黑镜固定在底板上，完工后用硅酮密封胶密封。

主要材料：①爵士白大理石　②黑镜　③壁纸

白色大理石的天然纹理给客厅带来淳朴、自然的气息；茶镜的运用丰富了空间的光影效果，使空间显得更加时尚、大方。

主要材料：①爵士白大理石　②茶镜
　　　　　③壁纸

沙发背景墙面用水泥砂浆找平，用点挂的方式将米黄大理石固定在墙上；剩余墙面防潮处理后用木工板打底，用气钉将硬包固定在底板上。

主要材料：①米黄大理石
　　　　　②硬包

以爵士白大理石装饰客厅电视背景墙，搭配上暖色调的壁纸，营造出温馨、自然的居室氛围；一幅风景画彰显了主人高贵典雅的生活品味。

主要材料：①爵士白大理石
　　　　　②玻化砖　③壁纸

电视背景墙面用水泥砂浆找平用点挂的方式将大理石固定在墙上，完工后对石材进行抛光、打蜡处理。

主要材料：①植绒壁纸
　　　　　②玉雪莲大理石
　　　　　③亚光砖

软包墙面令客厅更显温馨；黑镜与爵士白大理石搭配装饰沙发背景墙，色调上形成鲜明对比，给空间增添了几许时尚感。

主要材料：① 软包　② 黑镜　③ 爵士白大理石

 施工要点

用点挂的方式将爵士白大理石固定在墙上，完工后对石材进行养护；剩余墙面用木工板打底，贴橡木饰面板，刷油漆，最后固定不锈钢收边线条。

主要材料：① 亚光砖　② 爵士白大理石　③ 茶镜

施工要点

电视背景墙面用水泥砂浆找平，用湿贴的方式将爵士白大理石固定在墙上；剩余墙面用木工板打底，部分底板贴紫檀木饰面板，刷油漆；用粘贴固定的方式将银镜固定在剩余底板上，完工后用硅酮密封胶密封。

主要材料：① 爵士白大理石　② 银镜　③ 紫檀木饰面板

 施工要点

按照设计图纸，电视背景墙做出凹凸造型。整个墙面满刮三遍腻子，用砂纸打磨光滑，刷底漆、面漆，最后安装实木踢脚线。

主要材料：① 马赛克　② 玻化砖　③ 白色乳胶漆

施工要点 电视背景墙面用水泥砂浆找平，整个墙面用木工板打底，部分墙面贴装饰面板，刷油漆；用气钉将硬包固定在底板上；最后用粘贴固定的方式固定黑镜。

主要材料：①硬包　②黑镜　③壁纸

施工要点 电视背景墙面用水泥砂浆找平，用湿贴的方式将仿木纹砖固定在墙上，完工后用勾缝剂填缝；剩余墙面防潮处理后用木工板打底，用粘贴固定的方式将茶镜固定在底板上。

主要材料：①仿木纹砖　②玻化砖　③茶镜

电视背景墙极具设计感，黑白色调的对比增添了空间的时尚性；黑镜在墙面及吊顶上的运用丰富了空间的光影效果。

主要材料：①玻化砖
　　　　　②黑镜
　　　　　③指接板

施工要点 用湿贴的方式将仿木纹砖固定在墙上，完工后用勾缝剂填缝；用粘贴固定的方式将银镜固定在底板上，完工后用硅酮密封胶密封。

主要材料：①仿木纹砖
　　　　　②银镜
　　　　　③无纺布壁纸

沙发背景墙以竖条纹的壁纸装饰，视觉上拉伸了纵向空间；咖啡色的沙发给现代空间增添了舒适、温馨感。

主要材料：①条纹壁纸　②玻化砖　③复合实木板

施工要点

沙发背景墙面用水泥砂浆找平，整个墙面防潮处理后用木工板打底，用气钉将软包固定在底板上。

主要材料：①软包　②仿木纹砖

施工要点

电视背景墙面用水泥砂浆找平；整个墙面满刮三遍腻子，用砂纸打磨光滑，刷一层基膜，用环保白乳胶配合专业壁纸粉将壁纸固定在墙上；最后安装实木踢脚线及通花板。

主要材料：①壁纸　②复合实木地板　③通花板

施工要点

用硅酸钙板及木工板做出电视背景墙上的凹凸造型；整个墙面满刮三遍腻子，用砂纸打磨光滑，刷底漆、面漆；部分墙面刷一层基膜后贴壁纸，将墙贴贴到墙面上；最后安装电视柜及踢脚线。

主要材料：①壁纸　②玻化砖　③墙贴

电视背景墙上立体的造型极具创新性，沉稳的色调彰显主人优雅的生活品味；灰镜装饰的点缀，使空间显得时尚、优雅大方。

主要材料：①壁纸 ②仿古砖 ③灰镜

施工要点 电视背景墙面用水泥砂浆找平，用点挂及湿贴的方式将大理石固定在墙上；剩余墙面用木工板打底，用粘贴固定的方式将黑镜固定在底板上，完工后用硅酮密封胶密封。

主要材料：①壁纸 ②黑镜 ③玻化砖

施工要点 电视背景墙面用水泥砂浆找平，软包基层用木工板打底，用硅酸钙板做出凹凸造型；两侧墙面满刮三遍腻子，用砂纸打磨光滑，刷底漆、面漆，固定不锈钢线条；用气钉将软包固定在底板上。

主要材料：①复合实木地板 ②壁纸 ③软包

施工要点 用木工板及硅酸钙板做出电视背景墙上的造型，镜子基层用木工板打底；剩余墙面满刮三遍腻子，用砂纸打磨光滑，刷底漆、面漆，部分墙面刷一层基膜后贴壁纸；用粘贴固定的方式将黑镜固定在底板上；最后安装实木踢脚线。

主要材料：①木造型刷白漆 ②壁纸 ③黑镜

 施工要点　电视背景墙面用水泥砂浆找平，用点挂的方式将大理石固定在墙上，安装不锈钢收边线条，完工后对石材进行抛光、打蜡处理。

主要材料：①米黄大理石　②黑色大理石

 施工要点　用干挂的方式将大理石固定在墙上，完工后对石材进行抛光、打蜡处理；剩余墙面用木工板打底，用粘贴固定的方式将银镜固定在底板上。

主要材料：①木纹米黄大理石　②壁纸　③银镜

 施工要点

用木工板、硅酸钙板及石膏线条做出电视背景墙中造型；部分墙面满刮三遍腻子，用砂纸打磨光滑，刷底漆、面漆；用粘贴固定的方式将银镜固定在底板上，完工后用硅酮密封胶密封。

主要材料：①壁纸　②银镜
　　　　　③玻化砖

墙面大面积留白，体现了主人简约的生活态度。墙面生动的手绘画给素雅的空间带来了律动感，增添空间活力。

主要材料：①丙烯颜料图案
　　　　　②有色乳胶漆
　　　　　③复合实木地板

施工要点

用点挂的方式将西班牙米黄大理石固定在墙上，完工后进行石材养护；剩余墙面用木工板打底，用粘贴固定的方式固定银镜，最后固定密度板通花。

主要材料：①西班牙米黄大理石 ②玻化砖 ③银镜

沙发背景墙上的花纹壁纸给客厅带来温馨感；电视背景墙上的凹凸造型在灯光烘托下，令简约的空间洗练而有个性，给人以无尽的想象。

主要材料：①壁纸 ②水曲柳饰面板 ③大理石拼花

主题墙上的凹凸造型丰富了空间层次，金镜的运用使空间表情丰富起来。

主要材料：①壁纸　②金镜

施工
要点

电视背景墙面用水泥砂浆找平，用干挂的方式将安曼米黄大理石及云石固定在墙上，完工后对石材进行抛光、打蜡处理。

主要材料：①安曼米黄大理石
　　　　　②有色乳胶漆　③云石

施工
要点

用湿贴的方式将仿古砖固定在电视背景墙上，完工后用勾缝剂填缝；剩余墙面用木工板打底并做出收边线条，贴水曲柳饰面板后刷油漆；用粘贴固定的方式将黑镜固定在底板上。

主要材料：①仿古砖　②壁纸　③黑镜

施工要点

用点挂的方式固定白色大理石，用干挂的方式固定西班牙米黄大理石，完工后对石材进行养护处理。

主要材料：①银镜 ②爵士白大理石 ③西班牙米黄大理石

施工要点

用湿贴的方式将爵士白大理石固定在电视背景矮墙上，完工后对石材进行养护；剩余墙面用木工板打底，用粘贴固定的方式固定黑镜。

主要材料：①爵士白大理石 ②黑镜 ③玻化砖

施工要点

用湿贴的方式将仿木纹砖固定在墙上，完工后用勾缝剂填缝；用木工板做出两侧对称造型，部分墙面满刮三遍腻子，用砂纸打磨光滑，刷底漆、面漆；用粘贴固定的方式固定金镜。

主要材料：①仿木纹砖 ②壁纸 ③金镜

餐厅背景中树的图案搭配银镜装饰，给敞开的客厅空间增添了几许动感；银镜装饰延伸了视觉空间。

主要材料：①木纹地砖
②银镜
③爵士白大理石

施工要点 用干挂的方式固定爵士白大理石；剩余墙面用木工板打底并做出收边线条，墙面满刮三遍腻子，刷底漆、面漆；部分墙面刷一层基膜后贴壁纸；用粘贴固定的方式将黑镜固定在底板上。

主要材料：①壁纸 ②爵士白大理石 ③黑镜

施工要点 用湿贴的方式将深啡网纹大理石踢脚线固定在墙上；剩余墙面满刮三遍腻子，用砂纸打磨光滑，刷底漆、有色面漆；最后安装实木扶手。

主要材料：①文化石 ②深啡网纹大理石 ③有色乳胶漆

吊顶上的弧形造型增添了空间的律动感，丰富了界面层次；米黄大理石装饰的电视背景墙与豆绿色的沙发背景墙形成对比，赋予空间的清新与时尚感。

主要材料：①橘皮红大理石 ②有色乳胶漆 ③玻化砖

沙发背景墙面用水泥砂浆找平，用湿贴的方式将仿木纹砖及爵士白大理石固定在墙上；剩余墙面满刮三遍腻子，用砂纸打磨光滑，刷一层基膜，贴壁纸。

主要材料：①壁纸 ②爵士白大理石 ③仿木纹砖

欧式家具搭配精美的吊灯，令客厅空间温馨、时尚；电视背景墙上的暖色的乳胶漆搭配罗马柱，彰显时尚、大气的居家氛围。

主要材料：①有色乳胶漆
②深啡网纹大理石
③壁纸

施工要点

电视背景墙面用水泥砂浆找平，用干挂的方式将大理石固定在墙上，完工后对石材进行抛光、打蜡处理，剩余墙面用木工板打底，用粘贴固定的方式将银镜固定在底板上。

主要材料：①安曼米黄大理石
②壁纸 ③银镜

施工要点

电视背景墙面用水泥砂浆找平，根据设计需求用木工板、硅酸钙板及石膏线条做出设计图中造型；整个墙面满刮三遍腻子，用砂纸打磨光滑，刷底漆、面漆；部分墙面刷一层基膜，贴壁纸。

主要材料：①壁纸 ②石膏角线

施工要点

沙发背景墙面用水泥砂浆找平，墙面满刮三遍腻子，用砂纸打磨光滑，刷一层基膜，用环保白乳胶配合专业壁纸粉将壁纸固定在墙面上，最后安装实木踢脚线。

主要材料：①复合实木地板　②壁纸　③银镜

施工要点

用白水泥将马赛克固定在墙上，根据设计需求在墙上安装钢结构，用干挂的方式固定安曼米黄大理石，完工后对石材进行抛光、打蜡处理。

主要材料：①马赛克拼花　②壁纸　③安曼米黄大理石

用通透的花格密度板作为电视背景，令空间更加宽敞明亮；树枝的图案，带来了不凡的装饰效果。

主要材料：①仿皮纹砖　②银镜　③壁纸

施工要点

用干挂的方式将爵士白大理石固定在墙上；根据设计需求固定石膏线条，剩余墙面满刮三遍腻子，用砂纸打磨光滑，刷底漆、面漆。

主要材料：①爵士白大理石
②石膏线条
③壁纸

吊顶上黑镜的运用视觉上拉伸了纵向空间；精美的古典家具，流露出优雅高贵的气质。

主要材料：①黑镜　②壁纸　③爵士白大理石

施工要点

镜子基层用木工板打底，固定实木收边线条。剩余墙面满刮三遍腻子，用砂纸打磨光滑，刷一层基膜后贴壁纸；用粘贴固定的方式固定金镜，完工后用硅酮密封胶密封。

主要材料：①壁纸　②金镜　③复合实木地板